中国地质遗迹系列科普图书

全国地质遗迹立典调查与评价（DD20190074）项目资助

全国重要地质遗迹资源调查与地质文化村建设支撑示范（DD20221771）项目资助

天水市科技支撑计划(2022-SHFZKJK-5373)项目资助

婀娜多姿的淬变

带你认识变质岩

董　颖　马叶情　宋庆伟　陈飞妤　隋佳轩　主编

科学出版社

北　京

内 容 简 介

变质岩是组成地壳的三大岩类之一，在地球演化过程中占据重要地位。本书从变质岩基本概念着手，简明扼要地介绍了变质作用、变质岩矿物特征、变质岩结构与构造和变质岩类型。按照变质作用的地质条件和主要因素对变质作用和变质岩类型进行划分，介绍了主要变质岩类型及特征，阐述了变质岩用途及其分布规律。从组成变质岩的矿物之美和微观镜下之美探讨了变质岩之美。最后通过论述变质岩地貌的影响因素，结合变质岩地貌实例，介绍典型变质岩地质遗迹，带领读者领略祖国变质岩地貌的形成、变迁。通过变质岩的微观之美和多变的地貌特征，把变质岩的婀娜多姿呈现于我们面前。

本书适于对地质学感兴趣的青少年和大众阅读。

图书在版编目（CIP）数据

婀娜多姿的淬变：带你认识变质岩 / 董颖等主编. —北京：科学出版社，2023.9

（中国地质遗迹系列科普图书）

ISBN 978-7-03-076231-3

Ⅰ.①婀… Ⅱ.①董… Ⅲ.①变质岩—介绍—中国 Ⅳ.① P588.3

中国国家版本馆 CIP 数据核字（2023）第 158433 号

责任编辑：孟美岑 / 责任校对：何艳萍
责任印制：吴兆东 / 封面设计：北京图阅盛世

科学出版社 出版

北京东黄城根北街 16 号
邮政编码：100717
http://www.sciencep.com

北京中科印刷有限公司 印刷

科学出版社发行 各地新华书店经销
*

2023年9月第 一 版 开本：889×1194 1/24
2024年3月第二次印刷 印张：3
字数：70 000

定价：48.00元

（如有印装质量问题，我社负责调换）

前　言

P r e f a c e

中国地质调查局于 2008 年启动"全国重要地质遗迹调查"项目，组织专业队伍逐年分省（自治区、直辖市）按照统一的技术标准和方法开展地质遗迹调查工作。"中国地质遗迹系列科普图书"是对我国重要地质遗迹调查成果的展示。本书是丛书分册之一，希望能带你认识变质岩，了解变质岩的形成过程、用途和分布，欣赏变质岩地质遗迹，体会变质岩之美。

在漫长的地球演化过程中，组成地球的物质不断迁移和变化。受地壳中构造运动、岩浆活动、陨石冲击等地质作用的影响，岩石存在的地质环境和物理化学条件发生变化，导致先期形成的岩浆岩、沉积岩、变质岩发生改变和变化，形成的新岩石，就是变质岩。

变质岩作为组成地壳的三大岩类之一，在大陆上主要分布于前寒武纪的基底和造山带，占地壳总体积的 27% 左右，记录了大约 7/8 时间的地球历史发展和变化，因此它们在地球的演化过程中占据重要地位。物质是运动的，运动是永恒的。变质岩的形成过程，完美诠释了这一观点。

　　本书由六个部分构成，第一部分由中国地质环境监测院董颖完成；第三、四、六部分由中国地质环境监测院宋庆伟、陈飞好完成；第二、五部分由甘肃工业职业技术学院马叶情完成；本书插图由吉林省地质环境监测总站隋佳轩完成。书中部分原图来自网络和相关书籍，在此一并致谢。本书系统地介绍了变质岩的基本特征，展示了变质岩地质遗迹，希望能为变质岩地质遗迹的宣传、科普工作提供助力。

目 录
C o n t e n t s

一、变质岩简介

变质岩是三大岩石类型之一。岩石是天然产出的具有一定结构构造的矿物集合体，少数由天然玻璃、胶体或生物遗体组成。矿物是由地质作用形成的天然单质或化合物。按照岩石形成的地质作用类型不同，可将它们分为岩浆岩、沉积岩和变质岩三大类。

地质作用是形成和改变地球的物质组成、外部形态特征与内部构造的各种自然作用，它分为内力地质作用和外力地质作用。前者主要以地球内部热能为动力并发生于地球内部；后者主要以太阳能及日月引力能为动力，并通过大气、水、生物等因素作用于地球表层。

（一）什么是变质岩

地球上已经形成的岩石（岩浆岩、沉积岩和变质岩，统称为原岩）受内力地质作用而处于不同的物理化学条件，在固体状态下发生矿物成分、结构和构造变化形成的新岩石，就是变质岩。

变质岩与岩浆岩、沉积岩是可以相互转化的（图1）。

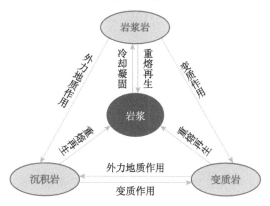

图 1　岩浆岩、沉积岩、变质岩转化示意简图

（二）变质作用

受构造运动、岩浆活动、陨石冲击等地质作用影响，原岩的物理和化学条件发生改变，使其在基本保持固态情况下结构、构造、成分发生不同程度的变化，这种转化再造过程就叫作变质作用。

影响变质作用的因素主要有温度、压力、化学活动性流体。温度的变化，能引起原岩中矿物的变质反应，各种组分重新组合形成新矿物。例如，温度升高可以使石灰岩中隐晶质的方解石发生重结晶而变成较大的晶体，使石灰岩变成大理岩。

压力按其性质和所起的作用分为负荷压力、流体压力和应力。压力不仅可以使岩石的体积缩小，密度加大，形成新的矿物，还可以促使岩石中的矿物垂直于压力方向排列，产生片状构造。

化学活动性流体的成分以 H_2O、CO_2 为主，并含有其他一些易挥发、易流动物质。化学活动性流体积极参与变质作用的各项化学反应，引起岩石化学成分的变化。

（三）变质岩中的矿物

变质岩由不同类型原岩变化而来，其岩性特征一方面受原岩的控制，具有明显的继承性；另一方面受变质作用影响，具有与原岩不同的或不完全相同的成分和组构特征。这就导致变质岩的矿物组成比岩浆岩、沉积岩的复杂，同时也使变质岩在矿物成分上独具特色。

1. 变质岩主要造岩矿物

组成岩石的矿物被称为造岩矿物。变质岩中的造岩矿物较沉积岩、岩浆岩复杂（表1）。

2. 变质岩中的矿物类型及组合

变质岩中的矿物既有变质作用过程中形成的矿物，称为变质矿物；也有由于变质反应不彻底而残留下的原有矿物，称为变余矿物。仅稳定存在于很狭窄的温度和压力范围内的变质矿物，称为特征变质矿物。特征变质矿物对外界条件的变化很灵敏，常常成为变质岩形成条件的指示矿物。如 Al_2SiO_5 的三种同质多象矿物：红柱石往往形成于低压条件下；蓝晶石形

表1　三大类岩石的主要造岩矿物特征

仅变质岩中出现	仅岩浆岩中出现	仅沉积岩中出现	三大类岩石中均可出现
阳起石、透闪石、硅灰石、蓝晶石、红柱石、夕线石、堇青石、十字石、石榴子石、绿帘石*、绿泥石*、蛇纹石*、滑石*、石墨	白榴石、透长石、霞石、易变辉石、玄武闪石、金刚石	蛋白石、玉髓、黏土矿物、海绿石、有机质	石英、钾长石、斜长石、角闪石、辉石、白云母、黑云母、橄榄石、黄铁矿、碳酸盐矿物

* 在岩浆岩中可交代其原生矿物局部出现。

成于泥质岩在较高压力条件下的变质作用；夕线石则形成于同一原岩较高温度条件下的变质作用。

变质岩因原岩和变质作用特征差异而表现出不同的化学成分、矿物成分特点。按照原岩类型、化学成分差异，变质岩可以分为以下五个系列，各自具有不同的矿物组合。

超基性系列：由超基性岩浆岩经变质作用形成的变质岩，化学成分以富镁为特征，矿物主要为滑石、蛇纹石、透闪石、橄榄石、尖晶石等。

基性系列：由基性岩浆岩、铁质岩石等经变质作用形成的变质岩，化学成分以富钙、铁、镁，$Na_2O > K_2O$ 为特征，矿物主要为石英、斜长石、绿泥石、绿帘石、角闪石、单斜辉石、斜方辉石等。

长英质系列：由中酸性岩浆岩、砂岩、粉砂岩经变质作用形成的变质岩，化学成分以富硅、钠、钾为特征，矿物主要为石英、斜长石、钾长石、云母、绿泥石、角闪石、辉石等。

碳酸盐系列：由石灰岩、白云岩等经变质作用形成的变质岩，化学成分以富钙、镁为特征，矿物主要为方解石、白云石等。

泥质系列：由泥岩、页岩等经变质作用形成的变质岩，化学成分以富铝、硅、钾，贫钙为特征，矿物主要为石英、斜长石、钾长石、绿泥石、云母及富铝矿物铁铝榴石、蓝晶石、红柱石、堇青石、十字石等。

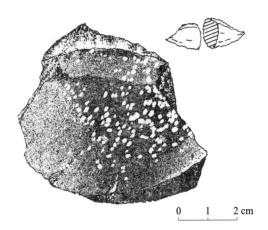

图 2　变余构造——变余杏仁构造

杏仁构造，由次生矿物填充于火山岩气孔而形成的
一种构造，因充填体宛如杏仁而得名

（四）变质岩结构与构造

变质岩的结构和构造是变质作用条件和变质作用演化历史的直接记录，是变质岩的重要鉴定特征和命名依据。变质岩的结构是指组成变质岩的矿物的形态、粒度以及矿物与矿物之间的相互关系；变质岩的构造是指变质岩中各矿物集合体的空间排列状态和相互关系。

变质岩的结构类型繁多，根据成因可分为变晶结构、交代结构、变形结构和变余结构。

变质岩的构造是岩石更宏观的特征，它主要指变质岩中各组分在空间上的排列、分布和聚集的方式。变质岩的构造可以是继承性的，即岩石经变质作用后仍保留有原岩的部分构造特征，被称为变余构造（图2）；也可以是新形成的，即岩石经过变质作用形成的新构造，被称为变成构造（图3）。

图 3　变成构造——眼球状构造

在某些片麻岩和混合岩中，长石晶体或长石和石英的集合体呈眼球状、透镜状或扁豆状被
片状或柱状矿物所环绕，外形很像眼球，故称为眼球状构造

（五）变质岩的分类

变质岩一般按变质作用的类型进行分类。根据变质作用的地质条件和主要因素的不同，可将变质作用分为区域变质作用、接触变质作用、气成热液变质作用、混合岩化作用、动力变质作用。

相应的，变质岩可分为区域变质岩、接触变质岩、热液变质岩、混合岩和动力变质岩。在各类变质岩中，根据岩石的结构、构造以及矿物组合，再划分出主要的岩石类型（表2）。

表2　变质岩主要岩石类型

变质岩类型	区域变质岩	接触变质岩	热液变质岩	混合岩	动力变质岩
变质作用因素	温度、压力、流体	温度、流体	温度、流体	温度、流体	应力
变质作用方式	变质结晶、重结晶、变形	变质结晶、重结晶、交代结晶	交代、变质结晶	部分熔融、变质结晶	变形变质结晶
分布	基底、造山带	侵入岩体周围	热液脉周缘	区域变质带内、侵入体周围	断裂带、韧性剪切带
产状	大面积	环状晕圈	有限范围	大面积或小范围	线状、带状
岩石类型	板岩、千枚岩、片岩、片麻岩、斜长角闪岩、长英质粒岩、麻粒岩、榴辉岩、石英岩和大理岩	斑点板岩、大理岩、角岩、片岩、片麻岩、夕卡岩	云英岩、次生石英岩、黄铁绢云岩、青磐岩、蛇纹岩、夕卡岩	混合岩、混合片麻岩、混合花岗岩	构造角砾岩、碎裂岩、糜棱岩、千糜岩、构造片岩

（六）变质程度和变质相

变质程度指变质作用过程中原岩受到改造的程度。由于变质作用过程中，温度往往起主导作用，一般是温度越高，原岩被改造得越强烈。因此，按照温度的高低，可将变质作用分为很低级、低级、中级和高级四个等级。在一定的温度范围内，按照压力的高低，将变质作用分为低压、中压、高压和超高压四个等级。在区域变质岩中，从板岩、千枚岩、片岩、片麻岩至

混合岩，原岩的变质程度越来越高。

变质相是在一定的温度和压力范围内，不同成分的原岩经变质作用后形成的一套矿物共生组合。例如：浊沸石相，形成的温度上限为360～370℃，压力为0.2～0.3 GPa（1 GPa=1×10⁹ Pa，Pa是压强单位，表示物体单位面积上受到的压力）。

二、常见的变质岩

（一）区域变质岩

区域变质作用指具有一定区域规模的，由温度、压力以及化学活动性流体等多种因素引起的变质作用，形成的岩石为区域变质岩，区域变质岩是所有变质岩中变质因素最多样、分布最广、变质作用持续时间最长的一类变质岩。按照岩石构造类型及矿物含量进行分类和命名，主要区域变质岩及其特征列举如下。

1. 板岩

板岩是具板状构造的浅变质岩（图4），多由泥质岩、粉砂岩、凝灰岩等经轻微变质作用形成，仅在板理面上见微弱的丝绢光泽，是细小的绢云母或绿泥石等重结晶的表现。板岩可以根据颜色和特征成分的不同进一步命名，如黑色板岩、碳质板岩等。

2. 千枚岩

千枚岩比板岩变质程度稍高，是具有典型的千枚状构造的浅变质岩（图5），岩石中的各组分基本全部重结晶并定向排列构成千枚理，矿物成分主要为绢云母和石英以及含量不等的绿泥石和钠长石等。千枚岩的原岩有泥质、粉砂质沉积岩及部分火山凝灰岩等。千枚岩多呈丝绢光泽，千枚状构造，可以根据新生矿物和颜色定名。

板岩和千枚岩都是具有页理化的变质岩，区别在于千枚岩结晶程度高于板岩。

3. 片岩

片岩以发育片状构造为特征，片柱状矿物含量超过30%（图6）。片岩中矿物的结晶粒度较粗，肉眼可见，一般为鳞片变晶结构、纤状变晶结构和斑状变晶结构。片状矿物主要有云母、绿泥石、滑石、蛇纹石、阳起石等。由于原岩成分和变质条件不同，片岩类型变化多样，有云母片岩、绿片岩、蓝片岩、镁质片岩等。

图4 板岩，呈锯齿状产出

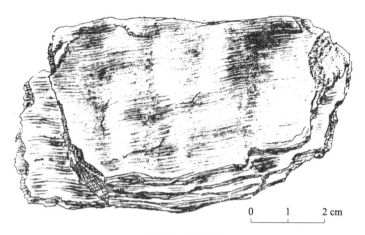

图5 千枚岩

图6 片岩

4. 片麻岩

片麻岩具有明显的片麻状构造，中粗粒鳞片状、粒状变晶结构，以粒状矿物为主，粒状、片状均定向排列，但不连续（图 7）。原岩为泥质岩、粉砂岩、砂岩和酸性 / 中酸性岩浆岩等。片麻岩主要由长石（钾长石在低温时为微斜长石，高温时为正长石；斜长石多为中酸性斜长石）、石英和黑云母、角闪石等组成，有时深色矿物为辉石。片麻岩的命名首先是根据长石的性质定出基本名称，如钾长片麻岩、斜长片麻岩等。再进一步根据片状、柱状矿物和特征矿物命名，如黑云母角闪斜长片麻岩、夕线石钾长片麻岩等。

图 7　片麻岩

5. 长英质粒岩

主要包括变粒岩和浅粒岩两类。

变粒岩结构较细，矿物以钾长石、斜长石和石英等粒状矿物为主，含少量云母、角闪石、绿帘石及石榴子石，一般长英质粒状矿物含量大于 25%，长石大于 25%，片状矿物含量为 10%～30%，为细粒等粒粒状变晶结构，且粒度在 0.5 mm 以下。片麻状构造不明显，呈块状或弱片麻状构造（图 8）。

浅粒岩与变粒岩组成相似，但片状矿物含量在 10% 以下。

长英质粒岩的原岩主要是砂岩、粉砂岩、中酸性火山岩和火山碎屑岩等。依据特征变质矿物、片柱状矿物、长石类型进一步命名，如：石榴黑云斜长变粒岩。

图 8　变粒岩

6. 角闪质岩类

角闪质岩具粒状柱状变晶结构，块状构造或显微片理构造。主要由角闪石和斜长石组成，角闪石等暗色矿物大于等于 50%，可出现含量不等的绿帘石、透辉石、黑云母、石英及石榴子石等。原岩为基性岩浆岩。当变质程度为角闪岩相时，斜长石中钙长石组分一般超过30%，称为斜长角闪岩（图9）；当变质程度为绿帘角闪岩相时，斜长石主要为钠长石，并出现较多的绿帘石和绿泥石等，称为钠长绿帘角闪岩。

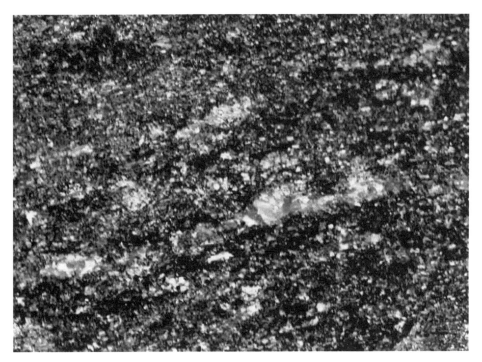

图9　斜长角闪岩

7. 麻粒岩

麻粒岩是一种深变质的岩石。具粒状变晶结构，矿物成分以紫苏辉石为特征，此外还有透辉石等。可含有相当数量的斜长石、钾长石、石榴子石以及数量不等的石英、角闪石、黑云母等（图10）。具块状、片麻状、条带状构造。根据原岩成分和变质矿物组合，进一步划分为基性麻粒岩、中酸性麻粒岩、富铝麻粒岩等。其中暗色矿物大于70%的为暗色麻粒岩，暗色矿物小于30%的为浅色麻粒岩，介于二者之间的为麻粒岩。

图 10　安多高压麻粒岩

8. 榴辉岩

榴辉岩是基性岩浆岩经超高压、高压变质形成的岩石（图 11），形成时的压力可以达到 6 GPa。榴辉岩主要由绿色的绿辉石和粉红色的石榴子石构成，典型榴辉岩不含斜长石，可含不等量的石英、蓝晶石、角闪石、金红石等。榴辉岩具中粗、不等粒粒状变晶结构，块状构造，颜色深，密度大。

9. 石英岩

石英岩主要由石英组成，可含少量的长石、云母、角闪石、辉石、磁铁矿等，具粒状变晶结构，块状、片麻状及条带状构造（图 12）。按矿物组成可分为石英岩、长石石英岩、磁铁石英岩，其原岩主要为石英砂岩、硅质岩、长石石英砂岩、铁质碧玉岩等。

图 11　榴辉岩

图 12　石英岩

10. 大理岩

大理岩是以方解石、白云石为主的碳酸盐矿物含量大于 50% 的变质岩，由石灰岩、白云岩等碳酸盐岩经区域变质作用或热接触变质作用形成。具粒状变晶结构，块状或条带状构造（图 13）。大理岩主要由碳酸盐矿物组成，可含少量蛇纹石、透闪石、透辉石、金云母、镁橄榄石或硅灰石等特征变质矿物。大理岩根据特征变质矿物、特殊结构、构造、颜色可以进一步命名，如白云质大理岩、透闪石大理岩等。

图 13　条带状大理岩

（二）接触变质岩

当岩浆侵入时，周围的岩石受侵入体所散发的热和挥发分的影响而发生的变质作用，称为接触变质作用。其所形成的岩石，就是接触变质岩。

接触变质岩分布在岩浆侵入体的围岩中。靠近岩体处，温度高，热变质作用强；向远离

岩体方向，温度依次降低，变质程度也依次降低并围绕岩体作环状分布，称为接触变质晕。变质作用按方式和影响因素可进一步分为接触热变质作用和接触交代变质作用两类，它们的代表性岩石分别为角岩和夕卡岩。

1. 接触热变质岩

接触热变质岩是岩浆侵入体的相邻围岩在温度影响下发生吸热反应，通过变质结晶和重结晶形成的变质岩。依据原岩类型不同，常见的接触热变质岩有斑点板岩、角岩、大理岩等。

斑点板岩：其原岩为泥质、粉砂质沉积岩及部分中酸性凝灰岩、沉凝灰岩等。原岩中矿物没有明显的重结晶现象，新生矿物少，仍以隐晶质为主，镜下可见分布不均匀的石英、绢云母、绿泥石等矿物晶粒；具矿物微粒聚集成的斑点构造，变余泥状结构（图14）。

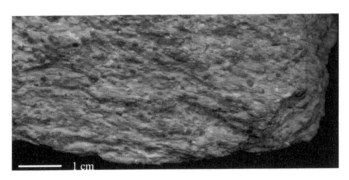

图14　斑点板岩

角岩：因岩石具有典型的等粒粒状变晶结构（角岩结构）而得名。角岩的原岩主要为长石石英砂岩、长石砂岩、酸性火山岩、凝灰岩及泥质岩等。经热接触变质后，原岩发生重结晶，成分以长石、石英为主，可含少量白云母、黑云母、红柱石、堇青石等矿物（图15）。常见类型为长英质角岩、云母角岩、基性角岩和镁质角岩等。

2. 接触交代变质岩

接触交代变质是已凝结的岩浆体和围岩受挥发组分影响，发生明显的化学成分变化而形成新的矿物组合和组构的岩石，交代作用在此过程中起主导作用。其典型岩石是夕卡岩。

图 15　红柱石角岩

　　夕卡岩是形成于中酸性侵入岩与碳酸盐岩的接触部位，由于发生接触交代作用形成的变质岩。夕卡岩的矿物成分较复杂，变化也大，如：钙质夕卡岩的矿物成分主要为钙铝-钙铁石榴子石、钙铁辉石－透辉石、硅灰石、符山石等，镁质夕卡岩的矿物成分主要有镁橄榄石、透辉石、尖晶石、金云母、硅镁石（图 16）。夕卡岩颜色变化较大，有褐绿、黑绿、褐红、浅灰等色；常具等粒、不等粒变晶结构、包含变晶结构、交代结构；具块状、斑杂状、条带状构造等。

图 16　夕卡岩

棕色矿物为钙铁石榴子石，黑色矿物为透辉石，白色主体为硅灰石

（三）热液变质岩

热液变质岩是化学性质比较活泼的气体和热液与固态岩石发生交代作用而产生的岩石，通常沿构造破碎带及矿脉两侧发育，故又称围岩蚀变。热的气体和溶液作用于已形成的岩石，使其矿物成分、化学成分及结构构造产生变化，这一过程称为气液变质作用。热液往往携带成矿物质或促进成矿元素的迁移和富集，形成热液矿床，同时引起成矿围岩蚀变，因此热液变质岩又称蚀变岩。不同的原岩可以形成不同的热液变质岩。常见的热液变质岩有蛇纹岩、青磐岩、云英岩、次生石英岩等。

1. 蛇纹岩

蛇纹岩是纯橄榄岩、橄榄岩等超基性岩经气液变质作用形成的变质岩（图 17）。蛇纹岩由蛇纹石类矿物组成，可以伴生少量的滑石、水镁石、菱镁矿、铬铁矿等，形成网状结构、交代假象和交代残留结构等。蛇纹岩一般呈黄绿色至黑绿色，风化后呈灰色。新鲜的蛇纹岩具蜡状光泽，硬度小。

图 17　蛇纹岩

2. 青磐岩

青磐岩是中基性火山岩、次火山岩及火山碎屑岩经气液变质作用形成的。它主要由绿泥石、钠长石、绿帘石、石英、方解石、阳起石和黄铁矿等矿物组成，是绿色－暗绿色的块状岩石。青磐岩具隐晶质－细粒变晶结构，有时具变余斑状结构及变余火山碎屑结构，岩石除具块状构造外还见斑杂状、角砾状构造。

3. 云英岩

云英岩是酸性侵入岩遭受气液交代作用形成的。云英岩的主要组成矿物是石英和云母，这里的云母为白云母、锂云母和铁锂云母等，不出现黑云母。云英岩一般为灰色、浅灰绿色或浅粉红色等，鳞片粒状变晶结构，块状构造。

4. 次生石英岩

次生石英岩主要存在于酸性或中性火山的火山口附近，由火山颈相岩石及喷出地表的熔岩、凝灰岩等经火山热液交代作用形成。次生石英岩大多呈浅褐色、暗灰色或褐红色，主要由石英组成，具显微鳞片粒状变晶结构，常保持原岩结构特征，形成变余结构；构造上，一般保留原岩构造特征，常见块状、斑杂状、气孔状和杏仁状构造。

（四）混合岩

混合岩是由大陆地壳的部分熔融作用形成的中高级变质岩（图18）。它是由深熔作用形成的长英质熔体与未受熔融的片麻岩混合而成，其形成条件介于岩浆岩与变质岩之间。混合岩一般由基体和脉体组成。基体是指混合岩形成过程中残留的变质岩，主要是斜长角闪岩、片麻岩、片岩、变粒岩等，具变晶结构和块状构造或定向构造，颜色较深。脉体是指混合岩形成过程中，由于注入、交代或重熔作用而新生成的物质，通常是花岗质、长英质、伟晶质岩石和石英脉等，和基体相比，其颜色浅。

混合岩的分类主要根据基体和脉体的比例及其空间排列方式，常见的类型有眼球状混合岩、条带状混合岩、网状混合岩、角砾状混合岩、肠状混合岩、阴影混合岩等。

图 18　混合岩

（五）动力变质岩

动力变质岩是由动力变质作用形成的岩石。其变质作用因素以应力为主，温度和溶液的作用较小。岩石以发生变形、破碎为主，但在断裂带局部位置或剪切带上，会产生高温，并伴有溶液活动，促使岩石部分或全部发生重结晶作用。岩石以脆性变形和塑性变形为主，成分较少变化。当岩石发生脆性变形时，由于组成岩石的不同矿物有不同的强度，或者岩石不同部位所接受的应力大小不同，总有部分矿物颗粒或集合体并未碎裂而是被保存下来，构成角砾或碎斑，其他细小的碎粒构成碎基。这些碎裂物质按其粒径大小可以分为 4 个等级：构造角砾，>2 mm；碎斑，0.5～2 mm；碎粒，0.1～0.5 mm；碎粉，<0.1 mm。一般把碎粒和碎粉称为碎基，碎斑和碎基是碎裂结构的基本组成要素。

动力变质岩可以分为构造角砾岩、碎裂岩、糜棱岩、千糜岩、假玄武玻璃等类型。

1. 构造角砾岩

构造角砾岩指断裂带中原岩受到应力而破碎形成的大小不同的棱角状岩石碎块再聚集成岩的岩石（图19）。原岩碎块发生过位移，多数碎块粒度在 2 mm 以上，并被破碎的细碎屑或者外来溶解物质胶结成岩，具角砾状结构。

图19　构造角砾岩

2. 碎裂岩

碎裂岩指具有碎裂结构或碎斑结构的岩石，是刚性岩石或矿物在较强的应力作用下受到挤压破碎形成，由较大的碎块和较为细粒的碎基构成。碎裂程度尚未达到糜棱岩程度而高于构造角砾岩程度。

3. 糜棱岩

糜棱岩是原岩遭受强烈挤压破碎后所形成的一种粒度很细的动力变质岩石（图20），常见

有残余的眼球体和极细的破碎颗粒。糜棱岩的原岩多为化学性质稳定的石英和长石，常见的新生矿物为绿泥石、绢云母等。糜棱岩具有带状构造、眼球纹理构造。

图 20　糜棱岩

4. 千糜岩

千糜岩是强烈挤压下形成的千枚状糜棱岩（图 21）。千糜岩含有大量的新生矿物，如绢云母、绿泥石等，并有很多重结晶的石英、长石颗粒。千糜岩中的刚性矿物具有压碎、变形特征，并聚集成透镜状条带，片理发育，还有小的褶曲。千糜岩手标本上具千枚状构造，沿新生的片理面可见强烈的丝绢光泽。

5. 假玄武玻璃

假玄武玻璃是一种黑色、光性均匀的物质，是由动力变质作用形成的玻璃质岩石，由原岩在强烈错动产生的高温影响下发生熔融，又经快速冷却形成。

图 21　千糜岩

三、变质岩的用途

变质岩石记录了地球历史约 7/8 时间的发展和变化，是探讨地球演化的重要方面。变质岩中蕴藏着大量的铁、金、铀、铜、铅、锌等金属矿产和滑石、菱镁矿、硼、磷、石墨、石棉等非金属矿产。其中变质铁矿床储量占全球铁矿总储量的 2/3 以上，变质金－铀砾岩矿床则是世界上金和铀的主要来源，具有重要的工业价值。此外，有些变质岩本身就是良好的原材料，应用于生产生活的许多方面。可以说，我们人类的生存离不开变质岩。

（一）工艺品原料

1. 宝玉石

变质岩成因的宝玉石种类较多，部分变质岩本身就是玉石（图22、图23）。

图 22　羊脂玉——主要由透闪石矿物组成的玉石

图 23　岫岩玉

2. 砚台材料

砚台材质众多，其中石砚是最普遍、最常见的。而变质岩是石砚的主要材料之一。例如，由轻度千枚化的板岩制作的歙砚（图 24）、由泥质变质岩制作的端砚、由石灰质变质岩制作的红丝砚、由角岩制作的苴却砚等。

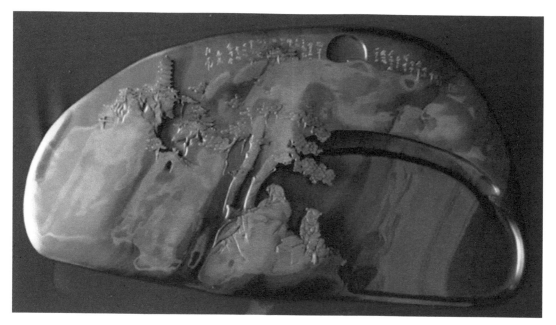

图 24　歙砚

3. 观赏石

观赏石是被赋予人文内涵的纯自然石品。变质岩中的特征变质矿物在岩石中独特的分布特征，可以形成独具特色的变质岩观赏石（图 25）。

图 25　菊花石
灰白色的放射状红柱石集合体构成菊花状，每个花瓣是一个红柱石晶体

（二）建筑材料

1. 铺路材料和屋顶瓦片

变质岩可以作为铺路的原材料。人们还利用片状变质岩制作成天然的瓦片，叠铺在房顶遮风挡雨（图 26）。

图 26　变质岩屋顶

2. 建筑雕刻材料

板岩、大理岩等可用于制作栏杆、纪念碑等大型建筑雕刻（图 27）。

图 27　大理岩制作的栏杆

（三）制造业原料

众多的变质岩及变质岩矿产是制造业重要原材料，例如石墨、石棉、滑石等都在工业中被广泛应用。

石墨可用作抗磨剂、润滑剂，高纯度石墨用作原子反应堆中的中子减速剂，还可用于制造坩埚、电极、电刷、干电池、石墨纤维、换热器、冷却器、电弧炉、弧光灯、铅笔的笔芯等（图28）。

石棉能劈分成很细的纤维，加工成石棉绳、石棉布等，广泛用于隔热、保温、耐酸、耐碱、绝缘、隔音材料。滑石常用作纸、医药、化妆品等的填料和电瓷、水泥原料等。

图28　石墨

四、变质岩的分布

（一）岩石圈中的岩石分布特征

地球岩石圈包括大陆地壳、大洋地壳和上地幔顶部坚硬部分。其中大陆地壳较厚，厚度为 50～150 km。分为上部的硅铝层和下部的硅镁层，硅铝层是由长石和石英等矿物组成的花岗质结晶岩和沉积岩组成；硅镁层又称为玄武岩层，是由暗色矿物和钙质斜长石构造的暗色结晶岩系。大洋地壳较薄，仅有数千米，只有硅镁层而无硅铝层，其岩石多为玄武质岩石和镁铁质结晶岩。岩石圈下部的上地幔坚硬部分则为超镁铁质岩系。变质岩在岩石圈中的分布如图 29 所示。

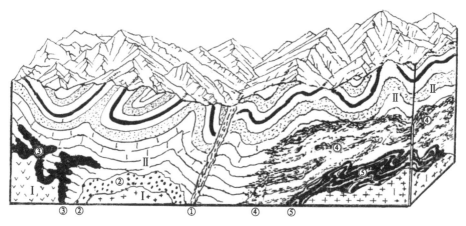

图 29　各类型变质岩分布示意简图

Ⅰ 为岩浆岩；Ⅱ 为沉积岩；①动力变质岩；②接触变质岩；③热液变质岩；④区域变质岩；⑤混合岩

1. 三大岩类体积占比

在地壳中，岩浆岩约占整个地壳体积的 64.7%，变质岩约占 27.4%，沉积岩约占 7.9%。然而从地表向下 16 km 范围内，变质岩占比最少，不足 1%，火成岩大约占 95%，沉积岩不足 5%。

2. 三大岩类地表面积占比

在分布面积上，地壳表面以沉积岩为主，约占大陆面积的 75%，洋底几乎全部为沉积物所覆盖。在陆地上，沉积岩约占地表面积的 66%，岩浆岩和变质岩各占剩余面积的一半左右。变质岩中区域变质岩占陆地面积的 18%，其他成因类型的变质岩分布有限。

3. 三大岩类质量占比

其中变质岩约占地壳重量的 1%，沉积岩约占地壳重量的 5%，岩浆岩约占地壳重量的 94%。

（二）各类型变质岩分布特征

1. 区域变质岩

区域变质岩是分布最广的变质岩，常呈大面积或带状分布。在时空分布上，与地壳运动、造山带关系密切，分布于前寒武纪结晶基底以及造山带，深度可以达到 120 km 以上。区域变质岩在地盾和地块上的出露面积很大，常为几万至几十万平方千米，有时可达百万平方千米，约占大陆面积的 18%。

2. 动力变质岩

动力变质岩类数量不多，岩石出露主要受断裂构造控制。例如：构造角砾岩通常沿断裂带分布，有时可厚数百米，延伸数十至数百千米；碎裂岩则常见于断层带。

3. 接触变质岩

接触变质岩类分布面积有限，但分布地区十分广泛，规模不大，主要分布在岩浆岩体边缘和围岩接触带上（图 30）。

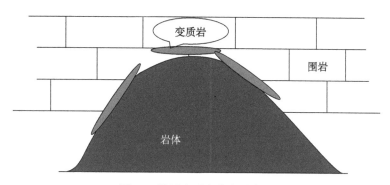

图 30　接触变质岩分布示意图

4. 混合岩

混合岩主要分布于具有高温侵入体和具低熔成分围岩的区域或区域变质作用基础上发生部分熔融的变质岩区域。中国混合岩的典型地区为华北克拉通、大别–苏鲁造山带等地区。

5. 热液变质岩

因热液变质岩主要受气液交代变质作用形成，其气液主要来自地壳，包括地幔上升的流体、岩浆作用释放的流体和大气降水。这些流体受构造活动、岩体或火山活动控制，因此热液变质岩分布范围主要是构造活动带，其次为花岗岩体的顶部、火山活动的周围等区域。

（三）我国区域变质岩分布

一套性质复杂的变质岩石统称为变质岩系。例如秦岭群，由片麻岩、麻粒岩、斜长角闪岩、大理岩、白云质大理岩、石墨大理岩、石英片岩、石英岩等多种类型的变质岩组成，为变质岩系。我国变质岩系分布广泛，具有丰富多样的变质岩类型，包括了世界上报道的几乎所有类型的变质岩和变质矿物。按照构造期区域变质岩可分为太古宙变质岩系、元古宙变质岩系、古生代变质岩系、中生代变质岩系和新生代变质岩系。

1. 太古宙变质岩系

太古宙变质岩系主要分布在华北地区，主要岩石类型为角闪岩相和麻粒岩相。据变质岩系形成时代和区域大地构造运动，划分为古太古代（曹庄期）、中太古代（迁西期）、新太古代（阜平期和五台期）。

曹庄期变质岩系，主要分布于冀东迁安市曹庄、杏山等地，由各种片麻岩、片岩、斜长角闪岩和铁英岩构成，变质程度达高角闪岩相至麻粒岩相。

迁西期变质岩系，主要分布于冀东迁西、迁安、集宁、辽东、吉南等地，由各种片麻岩、铁英岩和变粒岩构成，属中高温变质作用类型。

阜平期变质岩系，广泛分布于华北地区，以太行山地区为主，也见于昆仑、秦岭地区。阜平岩群区域变质程度深，属区域中高温变质作用或区域热液变质作用类型，以角闪岩相为主，局部为麻粒岩相。

五台期变质岩系，主要分布在华北北部山西五台山地区，以绿泥片岩相到高角闪岩相的递增变质为特征，局部有麻粒岩相，属区域动力热流变质作用类型。

2. 元古宙变质岩系

元古宙变质岩系在我国分布广泛，主要为绿片岩相至角闪岩相岩石。元古宙变质岩系主要划分为古元古代（吕梁期）、中元古代（四堡期）、新元古代（晋宁期和震旦期）。

吕梁期变质岩系，主要分布于华北、塔里木—阿拉善、昆仑—秦岭等地，其次分布于天山—兴安地区。

四堡期变质岩系，主要分布于扬子板块周边及昆仑—秦岭的东部，其次分布于塔里木—阿拉善、天山—兴安的部分地区。

晋宁期变质岩系，主要分布于扬子地台中部，塔里木—阿拉善的南北两侧，其次零星出露于天山—兴安、昆仑—秦岭、华南板块、喜马拉雅—滇西的部分地区。

震旦期变质岩系，分布零星，主要见于天山—兴安东部，其次见于塔里木—阿拉善的东部、昆仑—秦岭的东部及华南部分地区。

3. 古生代变质岩系

古生代变质岩系主要分为加里东期变质岩系和海西期变质岩系。

加里东期变质岩系，主要分布于天山—兴安地区的阿尔泰、额尔古纳等地区，以区域低温动力变质作用为主。

海西期变质岩系，广泛分布于天山—兴安、昆仑—秦岭及巴颜喀拉—唐古拉地区，部分见于华南地区。变质岩石以轻微变质到低绿片岩相（或绿片岩相）为主，属区域低温动力变质作用类型。

4. 中生代变质岩系

中生代变质岩系包括印支期变质岩系和燕山期变质岩系。

印支期变质岩系，主要分布于祁连—秦岭—大别—苏鲁造山带内，及西藏北部、云南澜沧江及华南政和—大浦断裂带附近。以区域低温动力变质作用为主，形成低绿片岩相岩石。

燕山期变质岩系，变质岩类型复杂，主要分布于西藏北部和东部，以及台湾山脉东侧，福建长乐—南澳一带。

5. 新生代变质岩系

新生代变质岩系主要分布于喜马拉雅—滇西、台湾地区。

五、变质岩之美

岩石是美的。岩石是大地的基础,厚德载物;岩石是山川的脊梁,雄奇俊秀。岩石是地球的时间刻度,内蕴沧海桑田;岩石是地球的空间展布载体,上承生命绚烂之花。

岩石之美,不仅体现于石文化、玉文化,贯穿了中华文明史,还体现于岩石微观世界的现象。利用显微镜观察岩石薄片中矿物的结晶学、晶体光学和光性矿物学特征,是岩石鉴定的主要内容。

(一)岩石薄片制作方法

薄片是观察岩石微观世界的载体,是岩石鉴定的基本对象。薄片研究是岩矿鉴定和组构分析的基本方法,也是确保岩矿测试数据采样恰当和解释合理的基础。

薄片是通过研磨把岩石制成厚度为 0.03 mm 的薄片状观察对象。岩石薄片由载玻片、岩石、盖玻片组成,其中载玻片、盖玻片分别为 1 mm、0.1~0.2 mm 厚的玻璃板,中间为薄片状岩石(图 31)。

图 31 岩石薄片

制作岩石薄片主要有以下几个步骤：

（1）选样。选取制片的岩石样品，大小一般在 3 cm×6 cm×9 cm 以上。具有层理、片理和条带状构造的岩石，要选择垂直于层理、片理和条带状构造的方向制片。

（2）编号。在样品袋上写上取样信息，包括取样位置、层位及样品编号等。

（3）切片。将岩石样品切割成长宽均为 25 mm，厚 3 mm 左右的岩片。

（4）载片前的磨样。粗磨至岩石样品均匀磨平，减薄到 2～4 mm 厚度。

（5）载片。把粗磨后的岩石样品用固体冷杉胶固定在载玻片上，使载玻片和岩石均匀粘结在一起。

（6）载片后的磨制。将载好的片子，再中磨、细磨，使粘在载玻片上的岩石的厚度达到 0.03 mm。

（7）在偏光显微镜下检查清晰程度是否达到标准，然后盖片。

（二）岩石镜下鉴定

岩石微观现象的观察主要在偏光显微镜下进行。偏光显微镜是利用透射光对透明矿物进行鉴定。

1. 透明矿物

可以被自然光透射的矿物就是透明矿物，包括造岩矿物和部分稀有稀土矿物。岩浆岩、变质岩和沉积岩主要是由透明矿物组成的，其中含量最多的矿物为石英、长石、角闪石、辉石、云母、橄榄石、碳酸盐矿物，这些矿物被称为造岩矿物。

组成岩石的大多数矿物为透明矿物，岩石镜下鉴定则以鉴定透明矿物薄片为主。通过偏光显微镜观察、研究矿物的光学性质并测定光学常数，从而准确识别矿物，为岩石正确命名提供依据。

2. 偏光显微镜下透明矿物鉴定

偏光显微镜主要包括单偏光系统、正交偏光系统和锥光系统。在单偏光镜下主要观察矿物的突起、晶形、颜色、多色性、吸收性及解理等；正交偏光镜下则主要观察矿物的最高干涉色、消光类型、消光角、延性符号、双晶等；矿物薄片鉴定中，一般不需使用锥光系统，若必须确定矿物的轴性、光性、光轴角、光轴色散等时，可选用适当切面在锥光下确定，它们对区别某些矿物具有重要意义。

（三）变质岩矿物之美与镜下之美

1. 变质岩矿物之美

岩石是由矿物构成的集合体，很多构造变质岩的矿物本身就是宝石的原材料，是美学具象化的自然体现。

变质岩矿物之美，体现在颜色美、对称美等方面。例如变质岩中部分矿物蓝晶石、红柱石、夕线石、十字石、石榴子石等（图32—图35）。

图32 蓝晶石

图33　红柱石

图34　夕线石

图35　十字石

2. 变质岩镜下之美

岩石镜下鉴定能够揭示矿物间的共生、反应和演变关系，是研究岩石成因、演化等的基本方法。不同矿物由于结晶学、晶体光学、光性矿物学性质不同，在偏光显微镜下呈现出不同特征。岩石在镜下的色彩、晶形、矿物相互关系等共同呈现出绚丽多变的画面，体现出岩石显微结构之美、构造之美。以变质岩矿物和变质岩镜下观察现象为例展示如下（图36—图41），图中（－）为单偏光镜下观察现象，（＋）为正交偏光镜下观察现象。

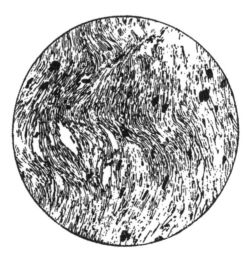

图36　鳞片变晶结构的云母片岩（－），主要由白云母和少量石英组成

图 37　云母片岩中的中细粒鳞片粒状变晶结构（+）

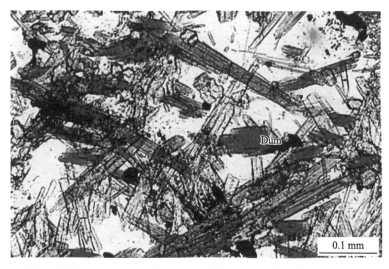

图 38　蓝线石英岩（Dum，蓝线石）（−），蓝线石柱状晶体及其蓝色—浅蓝色多色性

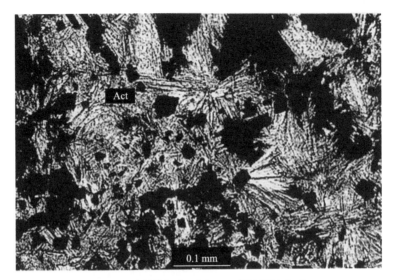

图 39　放射状阳起石（Act，阳起石）（-）

图 40　透辉石石榴子石夕卡岩（-）

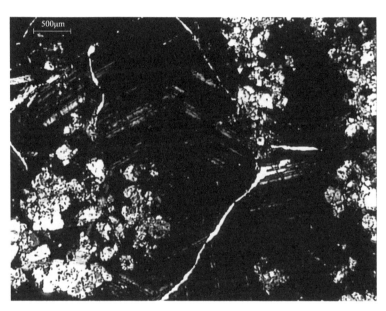

图 41 透辉石石榴子石夕卡岩（＋）

六、典型的变质岩地质遗迹

地质遗迹是指在地球演化的漫长的地质历史时期中，由于各种内外动力的地质作用形成、发展并遗留下来的珍贵的、不可再生的地质自然遗产。与变质岩相关的地质遗迹主要表现为变质岩地貌。

（一）地貌类型

所谓地貌，就是地球表面高低起伏的各种形态。地表形态复杂多样，成因各异，是内动力和外动力相互作用的结果。地貌属于自然地理学和地质学共同研究的范畴。从规模上看，大陆和洋盆是地球上最大的地貌单元；次级的地貌单元为山地和平原。山地是由山岭和山谷组成的地貌组合形态，一条或几条山岭组合构成山脉；平原是地表较大范围内地势平坦、高差较小，或地面微有起伏的大面积组合地貌。

各种不同尺度、不同形态的地貌，是由不同的成因和演化过程造就的。按照影响地貌的地质因素不同，可以把地貌分为重力地貌、流水地貌、岩溶地貌、冰川地貌、冻土地貌、风沙地貌、黄土地貌、海岸地貌、气候地貌和构造地貌。

（二）变质岩地貌

自然界中岩石种类多样，形成了各种风格迥异的地貌景观。变质岩地貌是岩石地貌类型中的重要组成部分，在造山带中往往都有或多或少的变质岩出露。影响变质岩地貌的因素主要有构造运动、岩性特征、风化作用、时间四个方面。

构造运动直接影响着地壳的抬升和部分变质岩的形成。构造运动把居于地表深处的岩石抬升到地表之上，地表才具备了形态改造的物质基础。变质岩出露地表之后，经风化作用改造，形成形态各异的地貌。

岩性是影响地貌特征的重要因素，岩石的矿物组成、结构和构造直接影响风化的速度、深度和阶段。从岩性特征看，泥质变质岩、大理岩、片岩、片麻岩易于风化；石英岩、混合岩质地坚硬，抗风化能力较强，发育的地貌常表现为正地形特征。

时间是影响地质作用的重要因素，地质事件需要漫长的时间来完成。变质岩地貌的形成不是一蹴而就的事情，而是在漫长地质时间中内外地质作用共同塑造的产物。

（三）典型变质岩地貌

变质岩虽然广泛分布于陆壳结晶基底和造山带内，但是变质岩形成的典型地貌远比沉积岩、岩浆岩少得多。在很多地区，变质岩作为基岩出露，基岩之上为沉积岩、岩浆岩形成的地貌。因此，在我国已建成的地质公园中，属于变质岩地貌的数量很少。从组成地貌的岩性类型看，梵净山、白石山、木兰山、花果山、阜平天生桥、长山列岛、墨石公园、太鲁阁均以变质岩地貌为特征；嵩山、庐山、五台山、苍山、武当山的主体以变质岩为主，伴有大量的沉积岩、岩浆岩产出。

从变质岩岩性上看，变质岩地貌有以大理岩为主的白石山、太鲁阁、苍山；以糜棱岩为主的墨石公园；以石英质变质岩为主的长山列岛。

从地貌形态看，变质岩地貌主要表现为山岭与山谷，在微地貌上表现为石林、峰丛、孤峰、陡崖、崩塌、构造裂隙、洞穴、奇石等景象。这些奇峰峻岭、崖洞美石，处处展示着变质岩的婀娜多姿。本书选取了我国十六个典型的变质岩地貌，供读者赏析。列举如下：

1. 梵净山变质岩地貌

梵净山位于贵州省铜仁市，地处武陵山脉。从地貌上看，梵净山以山顶为中心，呈现中间突起、两头收窄的桃核状，山体由层状浅变质岩构成。

构成梵净山的近水平层状浅变质板岩、片岩，在地壳隆升过程中发育了大量垂直节理，后经风化、剥蚀、崩塌形成了特有的变质岩地貌，以孤峰、峰林、构造裂隙、陡崖、奇石等地貌景观为典型特征（图42、图43）。

贵州省铜仁市梵净山层状浅变质碎屑岩侵蚀地貌

在海拔2200余米的紫山峻岭上，突兀而起一尊石柱，高约100m，如巨笋出土直指苍穹，大自然的神工鬼斧将此顶一辟为二，峰门山顶上所劈建有释迦殿和弥勒殿。

图42　梵净山层状浅变质岩地貌（一）①

贵州省铜仁市梵净山层状浅变质碎屑岩侵蚀地貌

梵净山地区发育的大面积中新元古代浅变质沉源碎屑岩在流水的冲蚀作用下形成了庞大的山体，和峻峭雄奇的峰丛景观，其组成地层为梵净山群变质碎屑岩及侵入岩。

图43　梵净山层状浅变质岩地貌（二）

图中小人为比例尺，下同

———————

① 本章图题根据正文表述另行设立，不一定与原图题完全一致。

2. 白石山变质岩地貌

白石山位于河北省涞源县，居太行山最北端，以大理岩构造峰林地貌为特色，由峰林、绝壁、怪石、峡谷构成变质岩地貌景观（图44）。

白石山是元古宙形成的白云岩在中生代遭受燕山期花岗岩的侵入而变质形成的大理岩构成的地貌。大理岩产状平缓，在隆升过程中，发育了两组垂直节理。在长期地表水侵蚀、重力坍塌和风化作用下，裂隙不断扩大，岩层逐渐变成了根根柱立的奇峰。这些柱立如林的奇峰又正好仁立在稳固的花岗岩基座上，使这些又奇又险的峰林在不断的地质运动中得以保留下来，遂形成了白石山大理石峰林地貌奇观。

图 44　白石山变质岩地貌

3. 木兰山变质岩地貌

木兰山变质岩地貌位于湖北省武汉市木兰山地质公园之内，山体由新元古代的蓝片岩、红帘石片岩等变质岩组成。木兰山变质岩有崩塌洞穴、岩石裂缝等地貌景观（图45）。

图45　木兰山变质岩地貌

4. 花果山变质岩地貌

花果山变质岩地貌位于江苏省连云港市南云台山中麓，地处苏鲁造山带的东部，主要为新太古代至中元古代的变质岩，岩性以片理、片麻理为主（图46）。花果山以海蚀地貌为特色，发育有洞穴、崩塌堆积、奇石、一线天等变质岩地貌（图47）。

花果山自晚白垩世至新近纪以来，缓慢上升，接受剥蚀。到第四纪，受新构造运动影响，不断升高，遭受风化、剥蚀、海蚀等作用，形成了如今的变质岩地貌特征。

江苏省连云港市海州区云台山变质岩地貌

连云港云台山主要由中元古界云台组变质岩组成，岩性为灰色变质岩、浅粒岩、天云片岩、蓝晶石英岩等。云台山变质岩原岩为沉积岩，山体保留了原岩缓倾的产状，构成了该区西北侧陡峭，东南侧平缓的"单面山"地貌，众多单面山呈台阶状，故名为云台山。

图46 云台山变质岩地貌

图 47　花果山水帘洞地貌

5. 阜平天生桥变质岩地貌

阜平天生桥变质岩地貌位于河北省阜平县，以发育天生桥、断崖、瀑布为特征，属沟谷地貌。

阜平天生桥是由太古宇阜平群混合岩化花岗岩构成的，经山谷瀑流沿裂隙冲蚀、崩塌形成的天然桥（图 48），桥面结构奇特，桥面下呈微拱形。

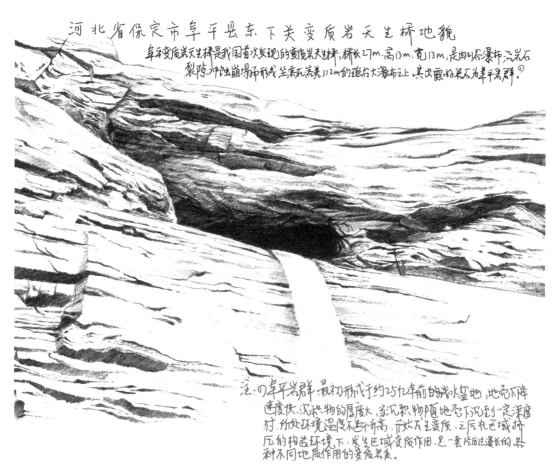

图 48　阜平天生桥变质岩地貌

6. 长山列岛变质岩地貌

长山列岛变质岩地貌位于山东半岛和辽东半岛之间，地处胶辽隆起接合部位。以剥蚀山丘和海岸地貌为主要特征，发育了海蚀崖、洞、柱、石、象形礁、象形石、彩石岸、球石等地貌景观（图49）。

图49 长山列岛变质岩微地貌——石柱

长山列岛变质岩地貌由新元古界蓬莱群石英岩、板岩、千枚岩等浅变质岩组成。它是元古宙的辽胶地盾经燕山构造运动和喜马拉雅构造运动造成的一系列断裂活动分割形成的岛屿，在隆升过程中发育了垂直节理、断裂，后在第四纪冰期与间冰期经海水多次升降、侵蚀、风化、崩塌形成的地貌现象。

7. 墨石公园变质岩地貌

墨石公园变质岩地貌位于四川省甘孜州，地处鲜水河断裂带，呈条带状分布（图50）。它是鲜水河断裂带中的原岩遭受挤压、剪切，发生区域动力变质作用，破碎并糜化而形成的糜棱岩。糜棱岩在新生代随青藏高原快速隆升出露地表，遭受风化剥蚀，从而形成石林地貌。

图50 墨石公园变质岩石林地貌

糜棱岩很容易被风化剥蚀，不同发育阶段的岩体呈现不同的形态，在初期，糜棱岩岩体多呈沟槽状；成熟期的会高大一些，呈柱状或金字塔状；到了衰亡期，则多呈尖棱状。因此，

墨石公园变质岩石林多呈尖棱状、城墙状、柱状、槽状、金字塔状、刀刃状等地貌形态。

8. 太鲁阁变质岩地貌

太鲁阁变质岩地貌位于台湾岛，是由大理岩构成的高山和峡谷地貌（图 51）。

图 51　太鲁阁大理岩峡谷

太鲁阁大理岩峡谷两侧谷坡十分陡峭，甚至接近于垂直，谷地宽度上下近乎一致，谷底主要为河床所占据。太鲁阁变质岩地貌是地壳不断抬升，流水不断下切作用形成的典型嶂谷。在峡谷内发育有峭壁、断崖、山洞、湖穴等地貌特征。

9. 嵩山变质岩地貌

嵩山变质岩地貌位于河南省，地处华北古陆伏牛山系。是由前震旦纪片岩、片麻岩及石英岩构成的断块褶皱山，呈构造侵蚀低中山地貌（海拔在 1000 m 以下，相对高度 200～500 m

的山地，称为低山；在 1000～3500 m，相对高度 500～1000 m 的山地，称为中山；海拔在 3500 m 以上，相对 1000 m 以上的山地，称为高山)。

　　嵩山变质岩经由中岳运动形成了嵩山雏形，为风化剥蚀作用提供了原始条件。中岳运动自东西方向把多由石英岩组成的嵩山群地层推挤成走向接近南北的皱褶。构成嵩山山体的变质岩岩层倾角较大，甚至直立。燕山运动确定了嵩山基本格架，喜马拉雅运动使嵩山不断隆升，发育了节理和裂隙，在经受剥蚀、崩塌和风化作用后形成了峡谷、峰林、悬崖、一线天、奇石等变质岩地貌。

　　其中，西峰少室山的书册崖是嵩山石英岩地貌的标志性景观之一，由陡立的石英岩层构成，竖向排列，貌似一本即将打开的地质史书册（图 52)。

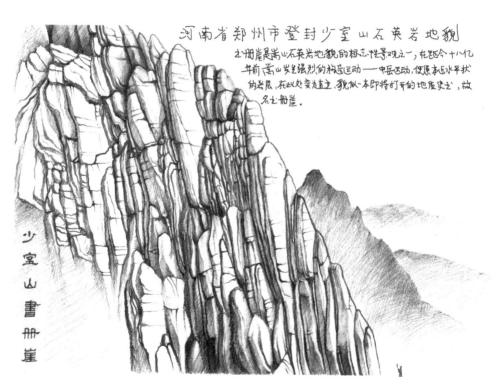

图 52　嵩山书册崖石英岩地貌

10. 庐山变质岩地貌

庐山变质岩地貌位于江西省九江市，是一座地垒式断块山，以典型的中国大陆东部山地第四纪冰川遗迹、地垒式断块山构造和变质核杂岩构造遗迹所构成的多成因复合地貌景观著称（图 53、图 54 ）。

庐山变质岩地貌主要表现为山谷地貌的特征。地壳运动把庐山古元古界星子群变质岩抬升至地表。构成星子群的变质岩易于风化，在流水的下切作用下形成的山谷，与水体共同构成了瀑布景观。

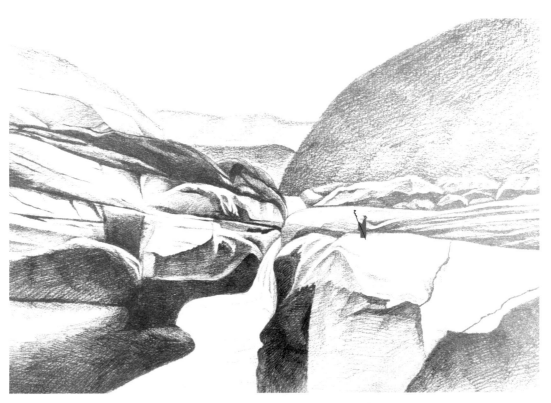

图 53　庐山栖贤大峡谷变质岩山谷地貌

图 54　庐山板岩山体地貌

由板岩组成的单面山地貌，分布在庐山市横塘、华林等地，呈北西－南东走向

11. 五台山变质岩地貌

五台山变质岩地貌位于山西省忻州市五台县，地处华北大陆太行山系，在地貌上表现为以变质岩为主体的断块高中山地特征（图 55）。

五台山山体由太古宇阜平群、五台群和元古宇滹沱群变质岩构成，岩性以花岗片麻岩、石英岩、绿片岩为主。侏罗纪到白垩纪发生的燕山运动使五台山隆起，形成过程中，五台山地质体断层发育，后遭受风化剥蚀，经第四纪冰川作用等，形成以高亢夷平的古夷平面和十分发育的冰川地貌为特征的五台山变质岩山地地貌。

图 55　五台山变质岩地貌

12. 武当山变质岩地貌

武当山变质岩地貌位于湖北省十堰市，地处南秦岭造山带。武当山主体为中新元古代变质岩，以变质岩峰丛、断层崖地貌为特征（图 56）。

武当山变质岩是伴随着秦岭造山带的形成而形成的，出露岩性主要为千枚岩、板岩、片岩、变粒岩、糜棱岩等。在造山运动及新构造运动作用下，武当山不断隆升，形成了断块山峰的变质岩峰丛地貌和断层崖地貌。

武当山山脉大致呈东西向展布，而天柱峰及其两侧发育一组近南北向的断裂，在长期的侵蚀风化作用下，最终形成一系列向中心倾斜的单面山和断块山。从而构成以天柱峰为中心，天柱峰之东峰坡西陡东缓，天柱峰之西峰坡东陡西缓的"七十二峰朝金顶"地貌景观。

13. 苍山变质岩地貌

苍山变质岩地貌位于云南省大理州，地处横断山云岭山脉，主体由苍山变质岩系组成，是山岳地貌景观（图 57）。

湖北省十堰市丹江口武当山变质岩地貌

图56　武当山变质岩地貌

苍山变质岩地貌是构成扬子地块的古老结晶基底，在遭受多次变质作用事件后，经喜马拉雅造山运动而被抬升到地表，在第四纪冰川作用、风化作用下形成的山体地貌。发育有冰斗、冰窖、角峰、刃脊等冰川地貌（图58），还有千姿百态的峰林峰丛地貌和河流侵蚀等作用形成的水体地貌。

云南省大理白族自治州苍山变质岩地貌

大理苍山变质岩地貌分布在洱海西侧，分布广，种类多，包括元古宇苍山岩群、三叠系洱源岩群等，变质作用类型多样，主要岩性有片岩、片麻岩、变粒岩及少量大理岩及混合岩。岩石垂直节理发育，在风化作用、流水侵蚀等多种外动力地质作用的改造下，形成峻峭挺拔的峰林地貌。

图57 苍山变质岩地貌

图 58　苍山地貌——刃脊山峰地貌

山脊因冰川侵蚀和长期冻裂风化，逐渐变得尖薄陡峭，峰顶参差不齐，形如锯齿

14. 佛顶山变质岩地貌

佛顶山变质岩地貌位于贵州省铜仁市，地处华夏系断裂构造带。佛顶山是正断层组合构造中的地垒地貌，山体节理发育，岩石破碎（图 59）。

图 59　佛顶山变质岩地貌

　　佛顶山变质岩地层以元古宙变质砂岩、板岩、变质凝灰岩等为主，山体在地垒式构造大幅度抬升的基础上，受流水侵蚀等外力作用形成刃状或鱼脊峰状地貌特征。

15. 佛子岭变质岩地貌

　　佛子岭变质岩地貌位于安徽省六安市，地处北淮阳构造带，由新元古代、早古生代变质岩形成，岩性多为石英岩和石英片岩，发育有石笋、陡崖、一线天等地貌景观。

　　佛子岭地貌是随着大别山隆起，山体在第四纪总体差异升降背景下，经风化剥蚀作用形成的地貌。因岩性刚性、脆性较强，经构造作用较易形成悬崖绝壁。其石笋地貌是由产状直立的两组断层交汇，再经崩塌作用形成的残山，形成一柱擎天的地貌（图 60）。

图 60　佛子岭变质岩地貌——东石笋微地貌

16. 泰山变质岩地貌

泰山位于山东省泰安市境内。泰山的主体是前寒武纪侵入岩，这类岩石占到泰山主体面积的95%以上。泰山岩群构成的泰山变质岩地貌，岩性主要为斜长角闪岩等变质岩，岩层出露比较支离破碎，常作为残留地质体赋存在众多新太古代和古元古代的侵入岩中（图61）。

图 61 花岗片麻岩组成的泰山玉皇顶

参考文献

常丽华，陈曼云等. 2006. 透明矿物薄片鉴定手册. 北京：地质出版社

程素华，游振东. 2016. 变质岩岩石学. 北京：地质出版社

金京模. 1984. 地貌类型图说. 北京：科学出版社

李昌年，李净红. 2014. 矿物岩石学. 武汉：中国地质大学出版社

李尚宽. 1982. 素描地质学. 北京：地质出版社

舒良树. 2010. 普通地质学. 北京：地质出版社

杨坤光，袁晏明. 2009. 地质学基础. 武汉：中国地质大学出版社